# BEI GRIN MACHT SICH IHR WISSEN BEZAHLT

- Wir veröffentlichen Ihre Hausarbeit,
  Bachelor- und Masterarbeit

- Ihr eigenes eBook und Buch -
  weltweit in allen wichtigen Shops

- Verdienen Sie an jedem Verkauf

Jetzt bei www.GRIN.com hochladen
und kostenlos publizieren

Felix Kasten

# Probleme der Entwicklung grundlegender Begriffe der Integralrechnung

## Belegarbeit für das Hauptseminar in der Mathematikdidaktik

GRIN Verlag

**Bibliografische Information der Deutschen Nationalbibliothek:**

Die Deutsche Bibliothek verzeichnet diese Publikation in der Deutschen National-
bibliografie; detaillierte bibliografische Daten sind im Internet über http://dnb.d-
nb.de/ abrufbar.

**Impressum:**

Copyright © 2011 GRIN Verlag GmbH
Druck und Bindung: Books on Demand GmbH, Norderstedt Germany
ISBN: 978-3-656-37187-8

**Dieses Buch bei GRIN:**

http://www.grin.com/de/e-book/209480/probleme-der-entwicklung-grundlegender-
begriffe-der-integralrechnung

**GRIN - Your knowledge has value**

Der GRIN Verlag publiziert seit 1998 wissenschaftliche Arbeiten von Studenten, Hochschullehrern und anderen Akademikern als eBook und gedrucktes Buch. Die Verlagswebsite www.grin.com ist die ideale Plattform zur Veröffentlichung von Hausarbeiten, Abschlussarbeiten, wissenschaftlichen Aufsätzen, Dissertationen und Fachbüchern.

**Besuchen Sie uns im Internet:**

http://www.grin.com/

http://www.facebook.com/grincom

http://www.twitter.com/grin_com

Universität Rostock

Institut für Mathematik

Hauptseminar: Didaktik der Mathematik

SS 2011

## *Analysis III – Probleme der Entwicklung grundlegender Begriffe der Integralrechnung*

Felix Kurt Kasten

Lehramt Gymnasium: Mathematik/Chemie

6. Semester

Rostock, den 09.06.2011

# Inhaltsverzeichnis

# 1. Einleitung

Der Integralbegriff beschäftigt den Menschen schon seit langer Zeit, noch vor dem des Differentials. Die heutige Integralrechnung bildet zusammen mit der Differentialrechnung die Grundlage der Analysis als Teilgebiet der Mathematik. In Abgrenzung zu der Differentialrechnung, in der es darum geht, zu einer gegebenen Funktion eine Ableitung zu bilden und um die Fragen wie man zur Ableitung gelangt und unter welchen Voraussetzungen diese existiert und die Frage nach der lokalen Änderungsrate, betrachtet die Integralrechnung die Problematiken umgekehrt. Das Integrieren tritt also als „Umkehrung" des Differenzierens auf. Allerdings tritt sie oft auch im Zusammenhang mit Flächeninhaltsbestimmungen auf. Man benutzt den Begriff wenn man die Fläche unter einem Funktionsgraphen und bei der Berechnung der Fläche des Kreises, also allgemein von krummlinig begrenzten Flächen. Nicht nur in der Flächenberechnung sondern auch in der Volumenberechnung ist dieser Begriff präsent. So findet er Anwendung bei Volumenberechnungen von Rotationskörpern, bspw. von Zylindern, Kegeln und Kugeln. Diesen Begriff sieht man sich insgesamt in vielen Anwendungsbereichen gegenüber.

So folgt, dass der Integralbegriff in die Schulbildung an Gymnasien aufgenommen wurde. Daher ist dieser Begriff für die Fachdidaktik der Wissenschaft Mathematik von enormer Bedeutung.

Diese Arbeit beschäftigt sich im Wesentlichen mit dem Begriff des Integrals im Mathematikunterricht. Es wird vorerst ein kurzer historischer Überblick über die Entwicklung des Integralbegriffes gegeben. Neben dieser wird insbesondere auf die formalen und inhaltlichen Aspekte und kurz auf das Wissen und Können zu diesem Begriff vor und nach der Behandlung in der Sekundarstufe II eingegangen. Darüber hinaus sollen im Speziellen die Erarbeitungsmöglichkeiten des Integralbegriffes dargelegt werden, um darauf basierend Schlussfolgerungen für den eigenen Unterricht zu ermöglichen. Abschließend sollen einige Darstellungsmöglichkeiten mit neuen Medien vorgestellt werden.

## 2. Historische Entwicklung des Integralbegriffs

Wie bereits erwähnt ist die Flächenberechnung seit der Antike ein betrachtetes Problem. Zunächst wurden Berechnungen für einfache, geradlinig begrenzte Flächen auf Rechteckflächen und Dreiecksflächen zurückgeführt. Es stellte sich aber heraus, dass die Flächeninhaltsbestimmung krummlinig begrenzter Flächen ein interesanteres Problem darstellt. Dies wurde zu Beginn lediglich über Approximationen und Grenzwertbestimmungen realisiert. Der um 460 vor Christus geborene Hippokrates (ca. 460 v. Chr. – ca. 370 v. Chr.) versuchte die Fläche seiner sogenannten Möndchen zu berechnen.

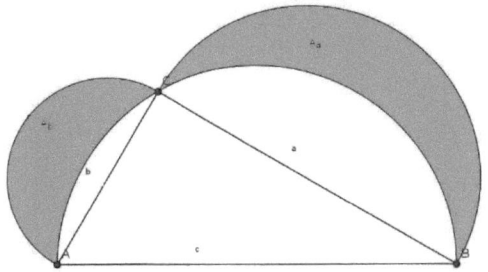

Der Arzt schlug Halbkreise über die Katheten und über der Hypotenuse. Er fand heraus, dass über den Satz des Pythagoras die Fläche zu ermitteln sei.

$$A_a + A_b = \frac{a^2\pi}{2} + \frac{b^2\pi}{2} - \frac{c^2\pi}{2} + \frac{ab}{2} = \frac{ab}{2}$$

Damit gelingt die „Quadratur", also Flächenberechnung, der Möndchen. In dem gleichen Zeitraum etwa (500 bis 400 Jahre vor Christus) entwickelte Eudoxos von Knidos (ca. 395 v. Chr. – ca. 342 v. Chr.) mit Antiphon (480 v. Chr. – 411 v. Chr.) die Exhaustionsmethode. Die Idee wurde auf Flächen transferiert. Der später geborene Archimedes (ca. 287 v. Chr. – 212 v. Chr.) hat versucht die Fläche einer Parabel über Aufteilung in Segmente zu berechnen. Diese Methode bezeichnet man heute als Parabelsegmentmethode des Archimedes oder auch Exhaustionsmethode. Einerseits zerlegte Archimedes die Fläche in verschiedene Segmente, die dann in der Summe eine gute Approximation der Fläche bringen sollten, andererseits sagt man ihm auch nach, dass er die Fläche unter der Parabel über Rechtecke abgeschätzt hat.

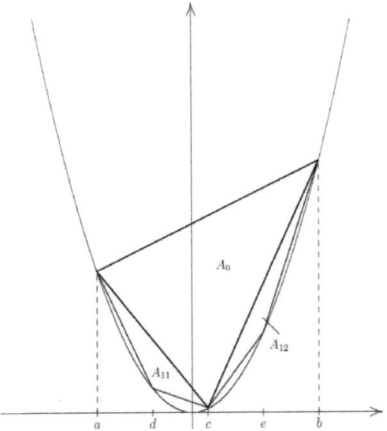

Diese Methode wurde dann bis tief in das Mittelalter hinein genutzt. Die numerischen Integrationsregeln, wie Rechteckregel und Trapezregel, oder auch Keplersche Fassregel wurden bereits von Johannes Kepler (1571 - 1630) bei der Berechnung der Laufbahn vom Planeten Mars benutzt. 1615 veröffentlichte er dann seine Keplersche Fassregel. Im 17. Jahrhundert versprach Bonaventura Francesco Cavalieri (1598 - 1647) mit dem Prinzip von Cavalieri, wonach zwei Körper das gleiche Volumen haben, wenn alle zur Grundfläche parallelen ebenen Schnitte in entsprechenden Höhen den gleichen Flächeninhalt haben, Veränderung. Dies wurde auch auf Flächen angewandt, bei denen dann Strecken betrachtet werden. Dieses Prinzip findet also auch in der Integralrechnung Anwendung.

$$\int_a^b (f(x) - g(x))\,dx = \int_a^b f(x)\,dx - \int_a^b g(x)\,dx$$

$f - g$

$f$

$A_1$

$A_2$

$g$

Die Differenz der Integrale entspricht also dem Integral der Differenz. Dazu bietet sich eine Veranschaulichung an.

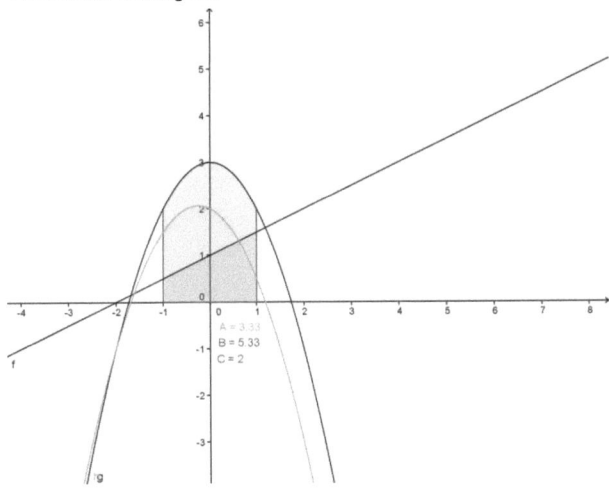

Ende des 17. Jahrhunderts gelang es Isaac Newton (1642- 1726) und Gottfried Wilhelm Leibniz (1646 - 1716) Kalküle zur Differentialrechnung aufzustellen. So entdeckten sie den Fundamentalsatz der Analysis. Leibniz führte auch das Integralzeichen „langes s" ein. Von diesem Zeitpunkt an, bei dem eine höhere Abstraktionsebene erreicht wurde, spricht man von der Analysis. Der Begriff *Integral* geht auf Johann Bernoulli(1667 - 1748) im Jahre 1690 zurück.

Im 19. Jahrhundert erfuhr die Analysis eine Stabilisierung. 1823 entwickelte Augustin Louis Cauchy(1789 - 1857) erstmals einen schlüssigen Integralbegriff. Cauchy definierte das Integral für stetige Funktionen. Cauchy nutzte erstmals zur Definition des Integrals den Grenzwertbegriff (Linkssummen). Erst später wurde der Begriffe Riemann- Integral (über Ober- und Untersumme) eingeführt. Im 20. Jahrhundert kam der Begriff des Lebesgue-Integrals von Henri Lebesgue (1875 - 1941) auf und löste weitgehend die durch Cauchy und Riemann (1826 - 1866) geprägten Integralbegriffe ab. Innerhalb kurzer Zeit entstand um den Begriff des Lebegue- Integrals einer der Basen der zu dieser Zeit neu entstehenden Funktionalanalysis. Besonders in der Wahrscheinlichkeitstheorie und in der Physik kam der mit diesem Begriff verbundenen Maßtheorie eine bedeutungsvolle Rolle zu. Dies führte dann zu einer enormen Menge an Überlegungen zur Mathematik, auf der die heutige Wissenschaft aufbaut.

# 3. Wissen und Können zum Integralbegriff vor und nach der Behandlung in der Sekundarstufe II

In diesem Zusammenhang ist es angebracht den Begriff des Integrals in den Rahmenplan einzuordnen. Hierbei ist es wichtig, dass stark mit der Quelle /6/ gearbeitet wurde. Innerhalb eines Kurshalbjahres, in dem die Analysis behandelt wird, wird mit der Differentialrechnung die Grundlage geschaffen, die Integralrechnung zu erarbeiten. So wird die lokale Änderungsrate einer Funktion thematisiert und real und geometrisch interpretiert.

**Übersicht über Hauptprozesse der Entwicklung des fachspezifischen Wissens und Könnens zu Funktionen (vgl. /7/, /8/, /9/ und /10/)**

| Kl. 1 – 4 | Kl. 5/6 | Kl. 7/8 | Kl. 9/10 | Kl. 11/12 |
|---|---|---|---|---|
| - Zuordnung → einfache Sachsituationen zu proportionalen Zuordnungen<br><br>- **Symmetrie-Verständnis**<br><br>- **Proportional-ität**<br>→anfängliches Verständnis | - **Zuordnung**<br>→graphische Darstellung, Zahlenfolgen, Zusammenhang , durch Gleichung beschreiben (Fkt.)<br><br>- **Funktionen**<br>→ funktionale Beziehung in Tabellen, Diagrammen<br><br>- **Proportional-ität**<br>→direkt, umgekehrt<br>-**KO- System**<br>-**Abb. Tabellen** | - **Zuordnung**<br>→graphische Darstellung<br><br>- **Proportional-ität**<br>→direkt, umgekehrt, Proportionalitäts-faktor<br><br>- **Funktionen**<br>→eindeutige Zuordnung, DB, WB, Argument, Funktionswert, graphische Darstellung, lineare Funktionen (m,n), Anstieg, Anstiegsdreieck, Nullstelle, Nullstellenberech nung, Modelle realer Sachverhalte, Umkehrfunktion | - **Funktionen**<br>→quadratische Funktion, Parabel, Normalparabel, Scheitelpunkt, DB, WB, Symmetrie, Nullstellen, Monotonie, Potenzfunktion, Exponentialfunktion, Logarithmus-funktion, exp. Wachstum, Zerfallsprozesse , Sinus, Cosinus, Tangens, Periodizität | -**Analysis**<br>→ Differential-rechnung *(Änderungsver-halten, Grenzwert, Ableitung, Ableitungsreg-eln, Extrema, Wendepunkte, Extremwertauf-gaben, Rekonstruktion, )*<br>→Integral-rechnung *(Flächeninhalts-bestimmung, Stammfunktion, Regeln, bestimmtes Integral)*<br>→Hauptsatz der Differential- und Integral-rechnung |

Der Grenzwert von Zahlenfolgen ist den Schülerinnen und Schülern ebenfalls bekannt. Die Stetigkeit und Differenzierbarkeit sind Begriffe, die in der Integralrechnung gebraucht werden. Allerdings bietet sich nicht nur aus diesen Gründen ein zur Historie konträrer Weg an. Die Differentialrechnung ist stärker an Kalküle angelehnt und somit für den Anfang leichter verständlich. Über das Tangentenproblem werden Ableitungen sehr schnell zugänglich gemacht ohne von der Ableitung zu sprechen (siehe dazu Referate „Analysis I" und „Analysis II"). Ausgenommen dieser Argumente wird der Ableitungsbegriff früh in den Naturwissenschaften wie Physik oder Chemie verwendet, daher bietet sich ebenfalls diese Reihenfolge an. Die Integralrechnung verfolgt das Ziel, bisher aufgetretenen Defizite auszugleichen und/oder stärken weiterhin auszubilden bzw. weiterzuentwickeln. Die Lernenden sollen sich mit komplexen Aufgaben selbstständig befassen und diese lösen. So soll eine Rekonstruktion eines Bestandes aus Änderungsraten in Anwendungssituationen als Modellierung und als anschaulicher Grenzprozess erfolgen. Zudem wird eine Flächenbestimmung als Grenzprozess zum Beispiel über Ober- und Untersumme dargelegt. Es wird das Ziel verfolgt, bestimmte Integrale von linearen Funktionen und Potenzfunktionen schnell zugänglich zu machen. Es sollen diesbezüglich bestimmte Eigenschaften wie Linearität und Homogenität des bestimmten Integrals erörtert werden. Letztendlich soll der

Hauptsatz der Integral- und Differentialrechnung (im Folgenden: HDI) erarbeitet und verstanden werden. Im Speziellen werden, Stammfunktionen und Integrale von ganzrationalen Funktionen und Exponentialfunktionen mit linearer innerer Funktion, Berechnungen von Flächen unter oder zwischen Funktionsgraphen in einfachen Anwendungskontexten und Rekonstruktion eines Bestandes aus Änderungsraten thematisiert. Der Leistungskurs hat das Bestreben, eine geometrisch- anschauliche Begründung des HDI zu erarbeiten. Zusätzlich erfolgt eine Erweiterung der Bildung von Stammfunktionen und Integralen von Logarithmus- und trigonometrischen Funktionen. Zudem werden Rotationsvolumina um die Abszisse berechnet. Es kann auch tiefer ins Fach eingedrungen werden. In diesem Sinne, solange Zeit vorhanden ist, kann man die Substitutionsregel als Umkehrung der Kettenregel und die partielle Integration als Umkehrung der Produktregel behandeln. Es erfolgt also eine Verbindung zwischen Ableitungsregeln und Regeln zur Bestimmung der Stammfunktion, das Aufleiten. Des Weiteren kann eine Diskussion über Beschränktheit und Unbeschränktheit des uneigentlichen Integrals erfolgen. Zudem werden auch numerische Integrationsmöglichkeiten wie zum Beispiel Trapezregel vorgestellt.

Es liegt also bereits bestimmtes Wissen vor der Behandlung des eigentlichen Begriffs des Integrals vor. Darunter zählen dann die Flächenberechnungen der Dreiecke und Vierecke und auch zusammengesetzte Flächen. Die Volumenberechnung von Prismen, Kegeln, Kugeln. Es wurden bereits Flächen und Körper zerlegt und zusammengesetzt. Es wurden auch bereits Rotationskörper wie Zylinder, Kegel, Kugel vorgestellt und behandelt bzw. zum Unterrichtsgegenstand gemacht. Dies ist aus der Sekundarstufe I resultierend. Das Resultat aus Sekundarstufe II ist: Wissen und Können zum Begriff des Grenzwertes, Summenzeichen, Begriff des Intervalls und entsprechende bzw. mit entsprechenden Intervallgrenzen verbunden Intervallarten, einfaches Differenzieren im Sinne der Bildung der Ableitung und im Rekonstruieren von Funktionsgleichungen, bzw. finden von Funktionsgleichungen als Umkehraufgabe zum Ableiten (Festigung des Ableitens).

Stellt sich nun die Frage, was eigentlich erreicht werden soll. Dies soll über verschiedene Niveaustufen anschaulich zusammengefasst werden.

*Sicheres Wissen und Können:*

Die Schülerinnen und Schüler sollen jederzeit und ohne Reaktivierung wissen, dass ein bestimmtes Integral in der Mathematik als gemeinsamer Grenzwert zweier Folgen von Summen von Teilprodukten (Ober- und Unter-summen) erklärt wird.

Die Lernenden sind sich bewusst, dass das Integral der Funktion in einem Intervall geometrisch als Inhalt der Fläche zwischen dem Funktionsgraphen und der x-Achse aufgefasst werden kann, wenn der Graph einer Funktion in einem Intervall oberhalb der x-Achse liegt, und dass das Integral der Funktion f den aufsummierten Gesamtbestand der Größe G in dem Integrationsintervall angibt, wenn eine Funktion f das Änderungsverhalten einer Größe G in Bezug auf die auf der x-Achse dargestellten Größe in Anwendungssituationen beschreibt. Die Art der Größe G kann durch Multiplikation der beiden auf der y- und x-Achse dargestellten Größen ermittelt werden.

Des Weiteren Beherrschen die Heranwachsenden das Bestimmen einer Stammfunktion und realisieren, dass dies eine Umkehrung des Differenzierens ist. Zusätzlich sind die Schülerinnen und Schüler befähigt Stammfunktionen einfacher Potenzfunktionen zu bilden bzw. zu bestimmen. Dabei können diese die Schreibweise für das bestimmte Integral benutzen.

Zusätzlich können die Schülerinnen und Schüler den Hauptsatz der Differenzial- und Integralrechnung auf einfache inner- und außermathematische Aufgabenstellungen

anwenden. Die Lernenden beherrschen einfache Integrationsregeln, wie Summen- , Faktorregel und partielle Integrationsregel. Zudem sollen die Schülerinnen und Schüler das Volumen eines Rotationskörpers um die x- Achse realisieren und identifizieren.

*Reaktivierbares Wissen und Können:*
Die Schülerinnen und Schüler kennen, nach hinreichender Reaktivierung, Zusammenhänge zwischen Ableitung, Ableitungsfunktion, Integral, Integralfunktion und Stammfunktion. Auch die Flächeninhaltsberechnung bzw. das Verfahren zur Bestimmung des Flächeninhalts zwischen Funktionsgraphen sollte dann wieder angewendet werden können (auch zusammengesetzte Flächen). Analog auch das Verfahren zur Bestimmung des Volumens von Rotationskörpern (auch um die y- Achse). In Anwendungsaufgaben bzw. im Anwendungskontext können die bestimmten Integrale mit negativen und positiven Werten interpretiert werden. Sachaufgaben, die die geometrische Bedeutung des Integrals und seine Bedeutung als aufsummierten Bestand einer Größe betreffen, sollten nach Reaktivierung gelöst werden können.

*Exemplarisches Wissen und Können:*
Die Schülerinnen und Schüler verinnerlichten bestimmte Herangehensweisen an die Integralrechnung, wie das Prinzip der Grenzwertbetrachtung von Ober- und Untersummen. Die Integralrechnung wird lediglich in der Schule angerissen und hat weiterhin viele Anwendungsmöglichkeiten. Dies wird unter anderem durch eine Vielzahl von Anwendungsaufgaben zur Übung und Festigung realisiert. Dabei kann auch eine Berechnung einer Bogenlänge oder einer Mantelfläche als zusätzliche Beispiele angeführt werden. Wichtig bei der Bestimmung Bogenlänge einer Kurve ist, dass diese nicht mit einer Fläche interpretiert werden kann.
Ein Beispiel dazu:

Die Bogenlänge von $A(a\,|\,f(a))$ bis $B(b\,|\,f(b))$ wird so berechnet:

$$L_a(b) = \int_a^b \sqrt{1 + f'(x)^2}\,dx$$

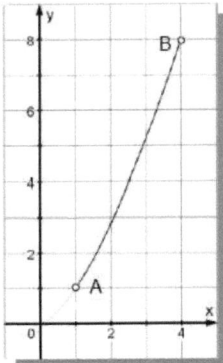

**Beispiel 1**

(1)  $f(x) = x\sqrt{x}$

Gesucht ist $\overset{\frown}{AB}$ für $A(1\,|\,1)$, $B(4\,|\,8)$.

## Lösung

Quelle: /14/, 04.06.2011, 9:46 Uhr
In Quelle /14/ wird eine anschauliche Herleitung der Bogenlängenformel dargeboten.

Zuerst benötigt man die Ableitungsfunktion:

$$f(x) = x\sqrt{x} = x^{\frac{3}{2}}$$
$$f'(x) = \frac{3}{2} \cdot x^{\frac{1}{2}} = \frac{3}{2} \cdot \sqrt{x}$$

Verwendung der Formel für die Bogenlänge.

$$\widehat{AB} = \int_1^4 \sqrt{1 + \left(f'(x)\right)^2}\,dx = \int_1^4 \sqrt{1 + \left(\frac{3}{2}\sqrt{x}\right)^2}\,dx = \int_1^4 \sqrt{1 + \frac{9}{4}x}\,dx$$

Substitution: $u \approx 1 + \frac{9}{4}x \implies du = \frac{9}{4}dx \implies dx = \frac{4}{9}du$

$$x_1 = 1 \implies u_1 = \frac{13}{4}; \quad x_2 = 4 \implies u_2 = 10$$

$$\widehat{AB} = \frac{4}{9} \int_{13/4}^{10} u^{\frac{1}{2}}du = \frac{4}{9}\left[\frac{2}{3}u^{\frac{3}{2}}\right]_{13/4}^{10} = \frac{8}{27}\left[u\sqrt{u}\right]_{13/4}^{10}$$

$$\widehat{AB} = \frac{8}{27}\left(10\sqrt{10} - \frac{13}{4}\sqrt{\frac{13}{4}}\right) \approx 7{,}63 \;.$$

# 4. Zusammenhang wichtiger Begriffe - Begriffssystem

Es gilt die Definitionen folgender Begriffe darzulegen: Integralfunktion, Flächeninhaltsfunktion, Stammfunktion, bestimmtes und unbestimmtes Integral und uneigentliches Integral. Anfangs sollen die verschiedenen Definitionen angeführt werden, die im Anschluss in einen Zusammenhang gestellt werden.

*Definition: (Integralfunktion) (vgl. /11/)*
Für eine stetige und integrierbare Funktion f(t) stellt die Funktion

$$I_a(x) = \int_a^x f(t)\,dt$$

die Funktion des orientierten Flächeninhaltes dar, den f(t) mit der x-Achse zwischen a und x (a < x) einschließt. Man bezeichnet sie als Integralfunktion. Die Funktionswerte der Integralfunktionen heißen Integrale.
Wird die Integralfunktion nur auf positive Funktionen angewendet, so entspricht sie der Flächeninhaltsfunktion.

*Definition: (Flächeninhaltsfunktion) (vgl. /12/)*
Gegeben sei die Funktion f als Randfunktion, sie begrenzt die Fläche. f sei im Intervall [a;x] definiert. Dann gilt: Für $x \geq a$ ist

$$A_a(x) = \int_a^x f(x)\,dx$$

der Inhalt der Fläche unter dem Graphen von f über dem Intervall [a;x]. $A_0(x)$ nennt man Flächeninhaltsfunktion zur Stelle x = 0.

Letztlich gibt die Integralfunktion zu jeder Stelle x ein bestimmtes Integral aus.
*Definition: (bestimmtes Integral)*
Das bestimmte Integral, auch Riemann- Integral genannt, einer Funktion f in den Grenzen von x = a bis x = b ist der folgende Grenzwert, falls dieser existiert:

$$\int_a^b f(x)dx = \lim_{n \to \infty} U_n = \lim_{n \to \infty} O_n$$

x = a ist dabei die untere und x = b die obere Integrationsgrenze. x ist die Integrationsvariable und f ist der Integrand. f heißt über [a,b] integrierbar, wenn das bestimmte Integral von f in den Grenzen a und b existiert.

Werden keine Integrationsgrenzen angegeben, so führt das Integral zu einer Stammfunktion.

*Definition: (Stammfunktion)*
Gegeben sei die Funktion f(x). Jede Funktion F(x), für die gilt, dass F'(x) = f(x), heißt Stammfunktion von f(x).

*Definition: (unbestimmtes Integral)*
Die Menge aller Stammfunktionen zu einer Funktion f(x) für die gilt F'(x) = f(x) heißt unbestimmtes Integral zu der Funktion f(x).

$$\int f(x)dx := \{F(x) + C \mid F'(x) = f(x) \wedge C \in \mathbb{R}\}$$

Dabei ist f der Integrand, x die Integrationsvariable und C die Integrationskonstante.

Im Gegensatz zum bestimmten Integral, bei dem der Integrationsbereich beschränkt ist, ebenso wie der Integrand in diesem Intervall, liegen beim uneigentlichen Integral zwei Varianten vor, die eine direkte Berechnung, analog zum bestimmten Integral, nicht ermöglichen. Es gibt das uneigentliche Integral mit unbeschränktem Integrationsbereich und das uneigentliche Integral mit unbeschränktem Integranden.

*Definition: (uneigentliches Integral)*
Das uneigentliche Integral ist ein Integral, bei dem mindestens eine Grenze entweder nicht im Körper enthalten ist oder der Funktionswert an mindestens einer der Grenzen nicht definiert ist. Dabei treten wie bereits erwähnt zwei Fälle auf.

Das uneigentliche Integral erster Art bezeichnet die Integrale, bei denen sich der Funktionswert an mindestens einem Rand nicht im zugrunde liegenden Körper befindet, oft sind das ∞ und -∞.

Das uneigentliche Integral zweiter Art bezeichnet hingegen Integrale, bei denen der Funktionswert an mindestens einem Rand des Intervalls nicht definiert ist. Die Funktionswerte f(a) oder f(b) nehmen dann meist ∞ oder -∞ an.

Kurz zusammengefasst heißt das also:
Stammfunktion: Eine Funktion F(x) zu einer gegebenen Funktion f(x) mit F'(x) = f(x)
Unbestimmtes Integral: Menge aller Stammfunktionen zu einer gegebenen Funktion f(x)
Bestimmtes Integral: (geometrisch) Flächeninhalt zwischen f(x) und x- Achse
Uneigentliches Integral: Integral mit einem oder zwei Grenzwerten als Integrationsgrenzen.
Integralfunktion: eine bestimmte Stammfunktion
Flächeninhaltsfunktion: eine bestimmte Stammfunktion/ Integralfunktion auf bestimmte Funktionen eingeschränkt

# 5. Aspekte des Integralbegriffs

Zur weiteren Diskussion des Begriffes Integral ist es von enormer Bedeutung die inhaltlichen und formalen Aspekte zu betrachten. Die Wechselwirkung zwischen diesen Aspekten wirken sich nämlich auf die Festigung der Begriffe aus. Der Integralbegriff weist viele formale Aspekte auf. Man schreibt ein Integral wie folgt: $\int_a^b f(x)\,dx$ . Das „lang s" ist das Integralzeichen. In dieser Ausführung sind a und b die Integrationsgrenzen. f(x) bezeichnet den Integranden. Den Ausdruck „dx" bezeichnet man als Differential. Er hat in diesem Sinne

nur eine symbolische Bedeutung. Am Differential liest man die Integrationsvariable, in diesem Falle x, ab. Die Integrationsvariable gibt die nach der zu integrierenden Variable an. Man spricht in diesem Falle von einer Integration über x. x ist austauschbar durch andere Variablen wie t, θ, etc. Dabei ist darauf zu achten, dass Bezeichnungen, die bereits vergeben wurden, entweder hier oder an Konstanten wie zum Beispiel a,b,e,π etc., nicht verwendet werden. Das Integral wird in bestimmtes und unbestimmtes Integral gegliedert. Das bestimmte Integral ordnet dem Integral einen Wert zu. Das unbestimmte Integral hingegen bezeichnet die Menge aller Stammfunktionen. Auf das Begriffssystem wurde bereits im vorherigen Kapitel eingegangen. Berechnung von Integralen bezeichnet man als Integration. Diese Integration ist gewissen Integrationsregeln unterworfen, die jetzt allerdings nicht weiter erläutert werden sollen.

Neben den formalen Aspekten weist ein Begriff inhaltliche Aspekte auf. Ein inhaltlicher Aspekt stellt einen bestimmten Blickwinkel auf den Begriff dar. In diesem Sinne weist der Begriff des Integrals vier wesentliche Merkmale auf, die im Folgenden erläutert werden sollen.

*Flächeninhaltsaspekt / F- Aspekt:*
Das Integral dient zur Flächeninhaltsbestimmung zwischen zwei verschiedenen Graphen oder zwischen Abszisse und Funktionsgraph in einem bestimmten Intervall. Der Wert des orientierten Flächeninhalts entspricht dem Integral in [a,b]. Die Diskussion und das Verständnis zum orientierten Flächeninhalt sollen aber erst noch erfolgen. Man kann so auch die Flächen bestimmter ebenen Figuren berechnen, also umfasst das Integral auch den klassischen geometrischen Flächeninhaltsbegriff (vgl. /13/). Weiterführend können durch Rotation um die entsprechende Achse auch Volumina berechnet werden.

*Stammfunktionsaspekt / S- Aspekt:*
Das Integral kann berechnet werden über die Stammfunktion des Integranden bzw. der zu integrierenden Funktion über den Hauptsatz der Differential- und Integralrechnung. Über die Stammfunktionen (bspw. Integralfunktion, Flächeninhaltsfunktion) ist der Aspekt der Rekonstruktion einer Funktion gegeben.

*Mittelwertaspekt / M – Aspekt:*
Die Ermittlung des Mittelwertes einer Funktion f(x) in dem kompakten Intervall [a,b] ist näherungsweise möglich. Dafür wird das arithmetische Mittel genutzt. Der Mittelwert aller Funktionswerte ergibt sich aus dem Quotient von Integral und der Länge des Intervalls. Über den Mittelwertsatz der Integralrechnung kann

$$\overline{f(x)} = \frac{\int_a^b f(x)}{b-a}$$ der Mittelwert einer Funktion bestimmt werden.

*Approximationsaspekt / A – Aspekt:*
Über Approximation der Funktionswerte oder auch geometrisch anschaulich beschrieben die Approximation des Flächeninhalts kann das Integral angenähert werden. Daher sollten numerische Integrationsmethoden nicht außer Acht gelassen werden.

Dabei werden *zentrale Vorstellungen* zum Integralbegriff ausgebildet bzw. solltet ausgebildet werden. Die Kumulation ist das Aufsummieren von Teilprodukten und dies entspricht geometrisch anschaulich verstanden der Fläche zwischen x- Achse und Funktionsgraph. Dies stellt allerdings einen wesentlichen Unterschied zum F- Aspekt dar, denn auch Werte mit negativen Vorzeichen können interpretiert werden. Zum Beispiel kann ein negativer Wert Abfluss und ein positiver Wert Zufluss bedeuten. Später in dieser Arbeit werden anschauliche Beispiele dafür dargeboten. Die Kumulation führt anschaulich zu einer Gesamtfläche. Da nun allerdings eine Flächenbilanz aufgestellt wird kann man dies als Gesamteffekt bezeichnen. Man erhält also zwei zentrale Vorstellungen zum Integralbegriff:

die Kumulation und den Gesamteffekt. Die Kumulation ist in diesem Sinne der Weg zum Ziel, wobei das Ziel den Gesamteffekt darstellt. Damit wird der lokalen Änderungsrate der Differentialrechnung der Gesamteffekt der Integralrechnung gegenübergestellt (vgl. /2/ S. 74).

# 6. Erarbeitungsmöglichkeiten und Zugänge zum Integralbegriff

Es wird das Ziel verfolgt die Fähigkeit Maßzahlen von Flächen zu berechnen, die Funktionen mit der x- Achse oder Funktionen untereinander einschließen. Wie gelangt man zu dieser Fähigkeit? Dafür sollen verschiedene Zugänge im Einzelnen dargeboten werden.

Diverse didaktische Möglichkeiten zur Erarbeitung des Integralbegriffes, induktiv (Beispiele und Gegenbeispiele anführend), konstruktiv (konstruierend, erste Stammfunktionen selbst entwickelnd) oder deduktiv (vorgebend, Integralfunktion vorgebend), soll jeder für sich entscheiden.

Zugang über Riemann- Integral, über das Regel- Integral, über das Cauchy –Integral, über das Lebesgue- Integral, über die Stammfunktionen

Der **erste Zugang** beschreibt die Erarbeitung des Begriffs des Integrals über die Ober- und Untersummen von Riemann.

Daran kann sich nach diversen Übungsaufgaben die Definition des bestimmten Integrals anschließen. Hierbei gilt, dass aus der Stetigkeit die Integrierbarkeit auf [a,b] folgt, diese stellt eine hinreichende aber nicht notwendige Bedingung dar. Die Notwendige Bedingung wäre die Beschränktheit der Funktion auf dem Intervall. Relativ schnell wird die Approximation aber nicht zufriedenstellend, daher betrachtet man dann die Funktionen an sich. Nachdem man dann die Stammfunktionen erarbeitet hat, kann man den Hauptsatz der Differential- und Integralrechnung erarbeiten. Darauf wird später noch eingegangen. Es spielen im Wesentlichen die Idee der Fläche und der Approximation über Flächendifferenzen eine enorme Rolle. Bezüglich der Flächendifferenzen wird auch die Kumulation und der M- Aspekt verinnerlicht. Wobei sich dann aber der A- Aspekt und im Anschluss der F- Aspekt in den Vordergrund drängen. Die zentrale Vorstellung ist stark auf die Kumulation gerichtet wobei dann eher weniger der Gesamteffekt verdeutlicht wird. Auf diese Art und Weise brauchen nicht die Kalküle auswendig gelernt werden, sondern wenn es verstanden wurde, selbstständig in Problemen angewendet werden.

| Vorteile | Nachteile |
|---|---|
| Wissenschaftlich exakt, es genügt aber vier Stellen auszurechnen, mit Absicht überspitzt dargestellt, sind 50 Stellen eindeutig zu viele | Flächenberechnung und Approximationsaspekt treten in den Vordergrund und Gesamteffekt als zentrale Vorstellung wird nicht deutlich |
| Möglichkeit Computer in den Unterricht einzubinden | Allgemeinheit der Definition der Summen nicht unbedingt nachvollziehbar, zu Beginn int-bar = stetig!!! |
| Integral als Grenzwert von Summen | Rechentechnische Schwierigkeiten, hoher Rechenaufwand |
| | Zu viele Begrifflichkeiten zu Beginn |

(vgl. /16/, /17/, /18/)

Der **zweite Zugang** beschreibt den Zugang über Treppenfunktionen und stückweisen stetigen Funktionen (das heißt über Regelfunktionen). Die Funktionen der Klasse der

Regelfunktionen sind auch Riemann- integrierbar. Der **dritte Zugang** über das Cauchy-Integral betrachtet die Erarbeitung des Integralbegriffes über stetige Funktionen. Über die stetigen Funktionen kann über den Grenzwert von Linksummen das Integral nach Cauchy eigeführt werden. Dies führt aber schnell zu dem Zugang über das Regelintegral auf der Funktionsklasse der Regelfunktionen (Treppenfunktionen, monotone, stetige, stückweise stetige Funktionen). Das Regelintegral ist eine Abbildung über jedem nichtleeren, kompakten Intervall [a,b] mit a,b aus dem Körper der reellen Zahlen in die reellen Zahlen. Jeder dieser Funktionen wird also eine reelle Zahl zugeordnet. Anfangs wird über Intervallgliederung in jedem Intervall ein Mittelwert des maximalen und minimalen Wertes multipliziert mit der Intervallbreite die Fläche bestimmt. Man führt dann relativ schnell die Stammfunktionen ein bzw. die Schüler haben bei diesen Funktionen die Möglichkeit selbst einfache Stammfunktionen zu finden. Diese existieren da die Funktionen auf dem kompakten Intervall beschränkt sind. Schnell erhält man auch hier den HDI.

Bei dem Zugang über Regelintegrale tritt der S- und M- Aspekt in den Vordergrund. Durch die Produktsummen wird auch die Kumulation deutlich, hingegen der Gesamteffekt nicht unbedingt klar wird.

| Vorteile | Nachteile |
|---|---|
| Bedeutung der Selbstfindung bei den einfachen Stammfunktionen | Zu Beginn int.-bar = stetig, bzw. stückweise stetig, Beschränktheit zeigen!!! |
| Möglichkeit Computer in den Unterricht einzubinden | Flächenberechnung und Mittelwertaspekt treten in den Vordergrund |
| HDI früh erkennbar | Gesamteffekt als Vorstellungsbasis wird nicht unbedingt deutlich |
| Einfache Funktionen werden betrachtet | |

(vgl. /16/, /17/, /18/)

In der Fachmathematik tritt das Lebesgue- Integral zunehmend in den Vordergrund. Der **Zugang über das Lebesgue- Integral** ist allerdings aufgrund seiner Allgemeinheit und Erarbeitung über Maß- und Integrationstheorie (sehr zeitaufwendig und abstrakt) für den Mathematikunterricht ungeeignet. Daher scheidet dies als Zugang aus.

Bei allen vorangegangenen Zugängen wird oftmals die Frage nach der Integrierbarkeit aufgeworfen. Die Schülerinnen und Schüler stellen sich diese Frage oftmals nicht. Eigentlich ist es nötig, vor der Berechnung des Integrals nach der Integrierbarkeit zu fragen. Da nun aber im Mathematikunterricht oftmals oder gänzlich Funktionen als Beispiele und Rechenbeispiele fungieren, die integrierbar sind und auch die Frage nach der Differenzierbarkeit analog nicht oft betrachtet wird, erscheinen diese Begriffe vorerst sinnlos. Wenn die Lehrperson aber darauf aufmerksam machen will und dieses Bewusstsein der vorangehenden Frage nach Integrierbarkeit oder Differenzierbarkeit ausbilden will, so sollten entsprechende Beispiele in den Unterricht mit eingebracht werden.

Die verstärkte Betrachtung des M- und des A- Aspektes wirken einer frühzeitigen Versteifung auf den F- Aspekt entgegen, allerdings sollte hier angemerkt werden, dass eine zu große Beachtung dieser Begriffsaspekte ebenfalls negative Auswirkungen aufweist.

Der **fünfte Zugang** stellt die Erarbeitung der Stammfunktion an den Anfang. Wobei sich die Frage stellt, ob dies sinnvoll ist. Behandelt man das Integral vor den Stammfunktionen, so wird die Bildung von Stammfunktionen lediglich als Mittel zur Erlangung des Integrals angesehen und die geometrische Bedeutung steht dabei im Vordergrund. Schnell stellt sich

der HDI als Satz heraus bei der Frage nach dem Zusammenhang zwischen Integral und Differentialrechnung. Dazu stellt die anfängliche Erarbeitung der Stammfunktionen kein komplexes bzw. kompliziertes Begriffssystem auf. Anfangs tritt allerdings dabei die Frage nach der Integrierbarkeit in den Hintergrund. Es wird oft fälschlicherweise dann von den Schülern angenommen, dass integrierbar sein mit dem Besitzen einer Stammfunktion gleichgesetzt wird. Dafür gibt es aber Beispiele, bei denen dies nicht zutrifft. Andernfalls steht die Gefahr, dass der HDI nicht als Satz sondern als Definition aufkommt.

Die Integralfunktion ist dabei eine ganz bestimmte Stammfunktion. Darüber kann dann das Integral erarbeitet werden. Aus dem S- Aspekt folgt dann der F- Aspekt. Die anderen beiden Aspekte und auch die zentrale Vorstellung der Kumulation werden kaum bis gar nicht deutlich, sofern sie nicht explizit erarbeitet werden, wobei die Approximation nur bei Funktionen sinnvoll ist, an dessen Stammfunktion die Schülerinnen und Schüler nicht gelangen.

| Vorteile | Nachteile |
|---|---|
| Bedeutung der Selbstfindung bei den einfachen Stammfunktionen | S- Aspekt tritt stark in den Vordergrund, später dann auch F- Aspekt |
| Folgerung von Eigenschaften des Integrals aus Sätzen der Differentiation | Gleichsetzung von „Int-bar" und „Stammfunktion besitzen", Was ist ein Integral? |
| HDI sehr früh vorhanden | Der Gesamteffekt wird kurz angerissen, Kumulation, Approximation und Mittelwertbildung werden nicht unbedingt deutlich |

(vgl. /16/, /17/, /18/)

Insgesamt ist also jeder Zugang bezüglich der Aspekte und zentralen Vorstellungen nicht gänzlich zufriedenstellend, da jeder dieser Erarbeitungsmöglichkeiten für sich seine Vor- und Nachteile hat. Insbesondere sind diese Zugänge auch oft in Schulbüchern vertreten. Der Anwendungsbezug bleibt bisauf in den Übungsaufgaben allerdings nicht selten unangesprochen. Öfters werden Aufgaben behandelt, bei denen die Fläche zwischen Graphen berechnet werden sollen. Der F- Aspekt tritt dann zwar deutlich hervor, dennoch bleibt das Integral als orientierten Flächeninhalt oft unverstanden. So stellte sich heraus, dass die Schülerinnen und Schüler der 1999er Jahren gemäß einer Studie des TIMSS (Mathematisch-naturwissenschaftliche Grundbildung und voruniversitäre Mathematik und Physik der Abschlussklassen der Sekundarstufe II (Population 3)) kein richtiges Verständnis des Integrals besaßen.

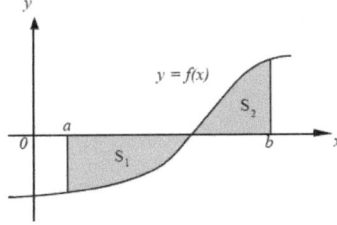

Quelle: /15/

Diese Graphik zeigt den Graphen der Funktion y = f(x). $S_1$ ist die Fläche, die von der x-Achse, x = a und y = f(x) begrenzt wird. Die zweite Fläche $S_2$ wird begrenzt durch die x-Achse, x = b und y = f(x). Es gilt dabei a < b und $0 < S_2 < S_1$.

Der Wert von $\int\limits_{a}^{b} f(x)\,dx$ ist

A:$S_1 + S_2$     B:$S_1 - S_2$     C:$S_2 - S_1$     D: $|S_1 - S_2|$     E: ½ $(S_1 + S_2)$

Die richtige Lösung ist die Antwortmöglichkeit C. Das heißt die Schülerinnen und Schüler sollten das Integral unter anderem als orientierten Flächeninhalt verstehen und nicht nur als Grenzwert von Summen. So wird Antwort C offensichtlich die richtige Lösung sein. Überliest man allerdings die Voraussetzung $0 < S_2 < S_1$, so wird oft die Antwortmöglichkeit A ausgewählt.

So stellten sich folgende Lösungswahrscheinlichkeiten heraus:

35% internationale Lösungswahrscheinlichkeit

23% deutsche Lösungswahrscheinlichkeit

18% deutsche Lösungswahrscheinlichkeit GK

36% deutsche Lösungswahrscheinlichkeit LK (vgl. /15/)

Zusammenfassend bedeutet das für den Mathematikunterricht, dass jeder Zugang zum Integralbegriff und seine Erarbeitung für sich alleine genommen gewisse Nachteile aufweist, die das Verständnis erschweren. Es soll also eine aspektreiche und vernetzte Entwicklung des Begrifflichen Denkens herausgebildet werden. Das bedeutet, dass beispielorientierte Verfahren angebracht werden müssen. Der Anwendungsbezug fördert das Verständnis und die Motivation zum Selbstfinden einiger Zusammenhänge und/oder Sachverhalte. Aus der Grundvorlesung zur Didaktik der Mathematik ist bekannt, dass jenes Selbstfinden die Behaltensleistung enorm steigert. Den Schülerinnen und Schülern soll in diesem Zusammenhang eine Grundlage von Methoden in die Hand gelegt werden, womit sie sich autonom mit Problemen beschäftigen können. Dafür bieten sich einige Aufgaben an, die jede für sich auf bestimmte Aspekte des Integralbegriffes aufmerksam machen und gewissen Zugängen entsprechen. Insgesamt liefern sie eine gute Orientierung zur Erarbeitung der grundlegenden Begriffe der Integralrechnung. Diese Aufgaben ermöglichen das Selbstfinden einiger Sachverhalte und unterstützen durch ihren Anwendungsbezug die Begriffsbildung. Eine Auswahl solcher Aufgaben soll im Folgenden dargeboten werden.

### a. Problematik 1 - Badewanne

Es wird die Fließgeschwindigkeit in einer Badewanne thematisiert. Eine kleine Anmerkung zu den Abbildungen und dem Inhalt soll angeführt werden.

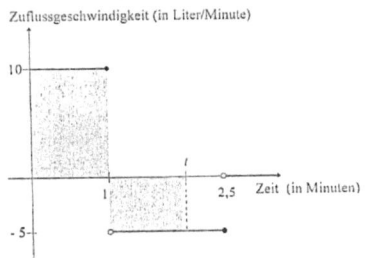

Quelle: /1/ S. 97

Anmerkung: Es soll auch gebadet werden, daher sollte der Abfluss zu einem späteren Zeitpunkt einsetzen.

Die Erarbeitung einer Integralfunktion ist naheliegend. Diese stellt sich wie folgt dar.
In der ersten Minute werden 10 Liter Wasser eingeführt.
Für t < 1: V (t) = y = 10 Liter/Minute t Minuten = 10 t Liter
Die Menge die also abgeflossen ist, ist von der zugeführten Menge abzuziehen.
Für 2,5 > V > 1: f (t) = y = 10 − 5 (t - 1) = 10 + 5 − 5 t = -5 t + 15 Liter
Bei 2,5 Sekunden wird der Abfluss geschlossen.
Es liegen noch 2,5 Liter Wasser vorhanden.
Für t > 2,5 : V (t) = y = 2,5 Liter

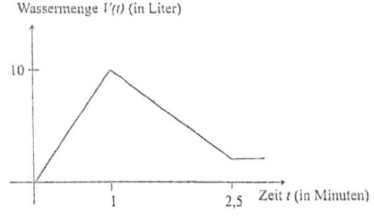

Quelle: /1/ S. 98

Das Problem kann erweitert werden, sodass ein konstant ansteigender Zufluss aufgetragen wird. In der Praxis kann man das so interpretieren, dass der Wasserhahn gleichmäßig weiter geöffnet wird.

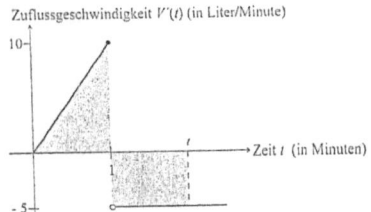

Quelle: /1/ S. 99

Analog dazu können die Schülerinnen und Schüler eine Bestandsrekonstruktion ähnlich der Vorgehensweise oben durchführen.

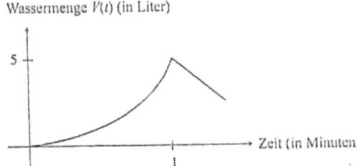

Quelle: /1/ S. 99.

Der F- Aspekt und der Zusammenhang zwischen Bestand und Fläche wird deutlich. Der Gesamteffekt wird klar. Doch die Kumulation wird erst im Folgenden deutlich. Den Lernenden sollte nämlich klar werden, dass dieses Verfahren auf eine beliebige Fließgeschwindigkeit anwenden lässt. Hierbei reicht das Vermögen der zu unterrichtenden nicht aus. Es können also approximative Verfahren erarbeitet werden und es wird also

schnell von dem F- Aspekt, dessen Überbetonung dadurch entgegengewirkt wird, auf den A-Aspekt geschlossen.

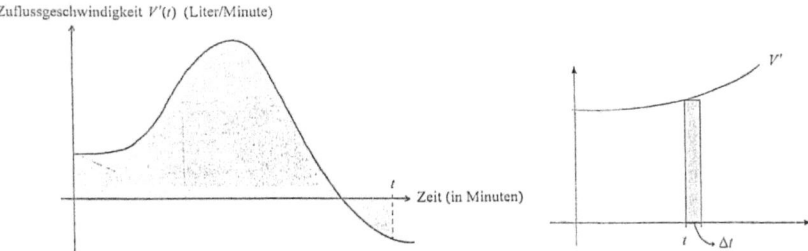

Quelle: /1/ S.100

Durch Annäherungen durch Rechtecksummen kann man algebraisch auch zu den Summen von Produkten kommen und es sollte sich dann herausstellen, dass die Summe von Rechteckinhalten, auch wenn man sich von der geometrischen Anschauung löst, auch einen Sinn ergibt. Die zentrale Vorstellung der Kumulation wird ausgebildet.

Die Schlussfolgerung ist dann, dass das Integral auch rein analytisch betrachtet werden kann, bspw. über Riemannsummen. Diese Summen konvergieren gegen einen Wert des Integrals und so löst man sich ebenfalls vom naiven Standpunkt, indem man von der Fläche auf das Integral schaut, und ersetzt dies durch den analytischen, theoretischen Standpunkt, bei der die Fläche lediglich eine Interpretationsmöglichkeit darstellt (vgl. /1/).

## b. Problematik 2 - Wasserverbrauch

Aufgabe:

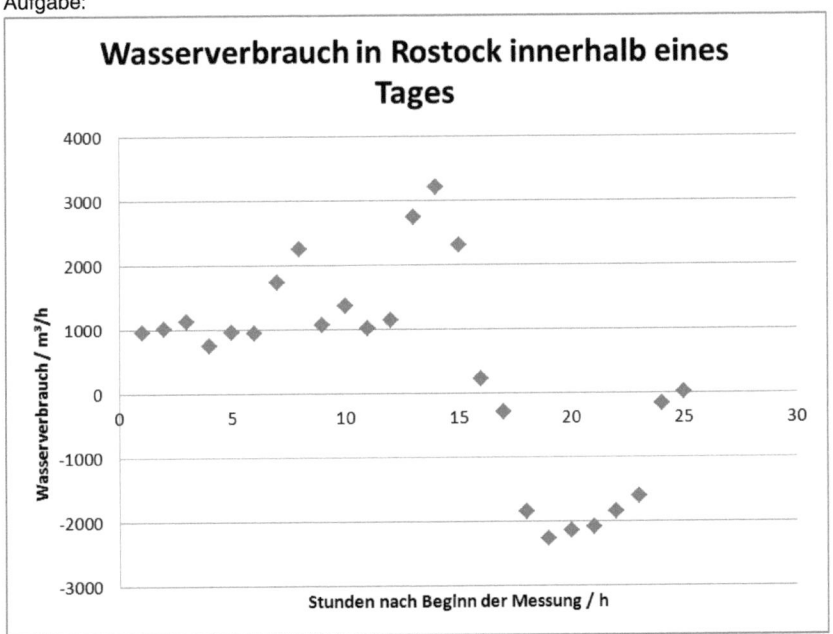

Das Wasserwerk, das Rostock mit Trinkwasser versorgt, bezieht das Wasser direkt aus der Warnow. Um die Bevölkerung jederzeit mit Wasser zu versorgen, ist es wichtig, dass die Anlage optimal ausgenutzt wird. Ausgangspunkt für die optimale Ausnutzung ist der aktuelle Verbrauch der Bevölkerung. Dieser wird mithilfe von Fühlern, die in den Wasserverbraucherstrom ragen, gemessen. Damit stets Wasser vorhanden ist, wird Wasser gewonnen und aufbereitet und dem Wasserbecken zugeführt. Dieser Zustrom wird ebenfalls mit entsprechenden Fühlern gemessen. Für den Verlauf eines Tages wird in der nachfolgenden Tabelle und der zugehörigen Abbildung die Bilanz der gemessenen Werte angegeben. Bei den Werten handelt es sich um den momentanen Wasserverbrauch. Die Firma nutzt die Tageskurven, um Prognosen hinsichtlich der optimalen Wassergewinnung für zukünftige Tage treffen zu können.

| Uhrzeit | Stunde nach Beginn der Messung / h | Wasserverbrauch / m³/h |
|---------|-----------------------------------|------------------------|
| 06:00 | 1 | 964 |
| 07:00 | 2 | 1017 |
| 08:00 | 3 | 1124 |
| 09:00 | 4 | 749 |
| 10:00 | 5 | 964 |
| 11:00 | 6 | 945 |
| 12:00 | 7 | 1732 |
| 13:00 | 8 | 2258 |
| 14:00 | 9 | 1065 |
| 15:00 | 10 | 1364 |
| 16:00 | 11 | 1011 |
| 17:00 | 12 | 1134 |
| 18:00 | 13 | 2746 |
| 19:00 | 14 | 3205 |
| 20:00 | 15 | 2314 |
| 21:00 | 16 | 230 |
| 22:00 | 17 | -291 |
| 23:00 | 18 | -1847 |
| 0:00:00 | 19 | -2264 |
| 01:00 | 20 | -2140 |
| 02:00 | 21 | -2081 |
| 03:00 | 22 | -1850 |
| 04:00 | 23 | -1599 |
| 05:00 | 24 | -175 |
| 06:00 | 25 | 12 |

Aufgabe umgeschrieben. Ursprüngliche Aufgabe in /2/ S. 68

In dieser Aufgabe ist keine explizite Fragestellung enthalten. Durch den Bezug auf das Umfeld wird jedoch eine gewisse Motivation geschaffen. Das heißt die Schülerinnen und Schüler müssen selbst Fragestellungen entwerfen. Folgende Fragestellungen sind zum Verständnis und zur Beantwortung der Frage hilfreich. Diese sollten aber wenn möglich weitgehend von den Schülerinnen und Schülern gefunden werden.
Was geschieht zu einer bestimmten Uhrzeit in den Haushalten?
Was ist negativer Wasserverbrauch?

Was bedeutet „optimale Ausnutzung"?

Verbrauchen die Haushalte mehr Wasser als das Wasserwerk produziert?

Was beschreibt der Datenpunkt an sich: Momentanverbrauch oder Mittelwert der Momentanverbrauchswerte der letzten Stunde?

Wie will man eine Prognose für den nächsten Tag oder sogar die nächste Woche erstellen?

Welchen Sinn macht die Prognose? (vgl. /2/ S. 77)

Verschiedene Varianten der Approximation können die Schülerinnen und Schüler selbst ausprobieren. Die Modellierung kann über Treppenfunktionen, stückweise stetige Funktionen oder auch Funktionen höheren Grades erfolgen. Insbesondere leistungsschwächere Schüler werden bei dieser Problematik nicht überfordert, da die Bearbeitung eher wenig komplex ist. Es treten neben dem Finden der Fragestellungen zwei weitere wesentliche Schwierigkeiten auf. Einerseits müssen negative Werte über die Erfahrungswelt interpretiert werden, andererseits die Approximationsidee. Die Werte können als Durchschnitt der letzten Stunde aufgefasst werden (Treppenfunktionen) oder als Momentanverbrauch in diesem Zeitpunkt (Regelfunktionen). Auf letztere Interpretation wird in der Aufgabe hingewiesen.

Eine mögliche Lösung über Approximation mittels Treppenfunktionen soll nun dargestellt werden. Die Summe positiver Verbrauchswerte beträgt dann 22 834 m³. Die Summe der negativen Verbrauchswerte beträgt -12 246 m³. Hierbei wird die Kumulation als Prozess deutlich. Die Gesamtbilanz beträgt dann also 10 588 m³. Das Produkt ist also der Gesamteffekt. Es wird deutlich, dass dividiert man den Gesamteffekt durch die Anzahl der Stunden (25 h) ein stündlicher Verbrauch von rund 423,53 m³ vorliegt. Das heißt, dass der Verbrauch größer ist als die Produktion.

Im Wesentlichen sind nur Kenntnisse der Grundrechenarten erforderlich, allerdings werden auch hier grundlegende Aspekte deutlich. Die Kumulation, Gesamteffekt (wie bereits beschreiben) und die Auswirkung einer äquidistanten Zerlegung des Zeitintervalls (als Vorbereitung zum A- Aspekt).

Die geringe Differenz der Ergebnisse bietet Anlass zum Vergleich und Weiterentwicklung approximativer Verfahren, dennoch lieber nicht, da Begriffsbildung noch nicht weit genug.

Beide Verfahren führen zum F- Aspekt. Gesamtes Volumen als Maßzahl der 25 Rechtecke und im zweiten Fall von 25 Trapezen. Mit beliebigen Funktionen aus A-Aspekt der Begriff der Regelfunktion und aus F- Aspekt andere Integralbegriffe entwickeln, wobei dann Cauchy naheliegend ist.

Es wird durch Grenzwertbildung von Summen der Teilprodukte bzw. vorzeichenbehafteter Rechtecke bereits ein Verständnis angeregt ohne den Begriff Integral zu benutzen.

## c. Problematik 3 - Fahrtenschreiber

Aufgabe:

In einer Spedition in Rostock sind mehrere Fahrer und Fahrerinnen angestellt, die täglich verschiedene Großmärkte in ganz Deutschland beliefern. Auf der Rückfahrt von Berlin nach Rostock wird Frau Grat, eine Fahrerin der Spedition, von der Autobahn- Polizei angehalten. Die routinemäßige Kontrolle gilt der Verkehrssicherheit des LKW. Bei der Überprüfung der Tachoscheibe entdecken die Polizeibeamten einen relativ großen Zeitraum, in dem auf der Scheibe keine Geschwindigkeit eingetragen ist. Auf der Tachoscheibe werden Geschwindigkeiten während der gesamten Fahrt in einem Zeit- Geschwindigkeits- Diagramm festgehalten. Auf Nachfrage gibt Frau Grat an, dass sie in der Zeit eine Pause an einer Raststätte gemacht habe.

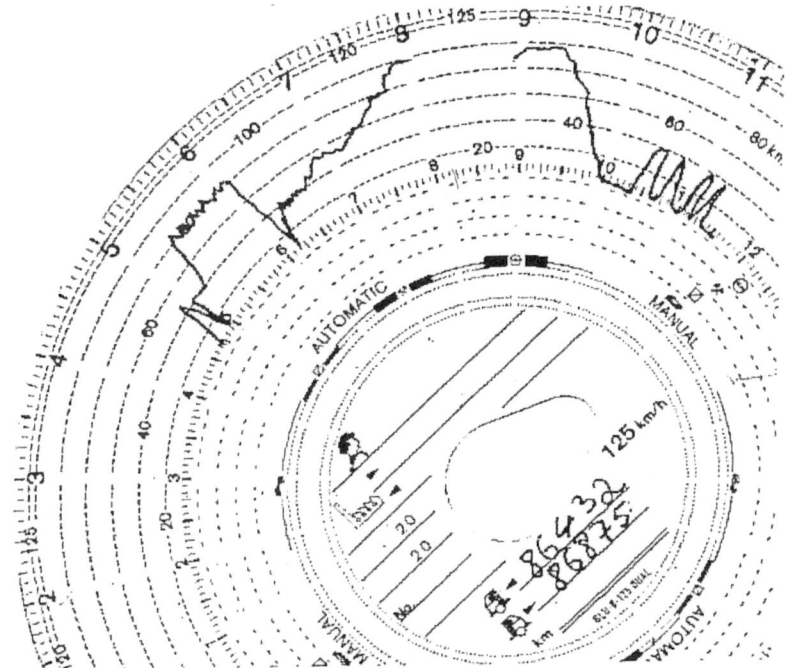

Quelle: /2/ S.70

In der Abbildung ist eine Tachoscheibe zu sehen, die in Bussen und Lastkraftwagen benutzt werden muss. Ein Grund für diese Maßnahme ist in der Erhöhung der Sicherheit auf den Straßen zu sehen, die zunehmend durch Überschreiten von Fahrzeiten und Geschwindigkeiten der LKW- und Busfahrer gefährdet wurde. Das Gerät soll bei erhöhtem Manipulationswiderstand die Einhaltung der bestehenden Sozialvorschriften und der entsprechenden Gesetze gewährleisten sowie die Überprüfbarkeit und Gerichtsverwertbarkeit der im Gerät gesammelten Daten garantieren.

Diese Problematik stellt einen einfacheren Sachverhalt dar, da nun keine negativen Werte betrachtet und interpretiert werden müssen. Die Verständlichkeit ist damit einhergehend größer. Es werden umgangssprachlich keine Probleme aufkommen den Sachverhalt zu begreifen. Der Bearbeitungsaufwand und der Schwierigkeitsgrad sind jedoch größer. Es wird in dieser Aufgabe der Zusammenhang zwischen Geschwindigkeit, Zeit und zurückgelegte Strecke hilfreich sein. Um darauf aufmerksam zu machen oder Hilfestellung zu geben kann ein kleines Beispiel angeführt werden.

Ein v-t- Diagramm mit konstant ansteigender Geschwindigkeit oder konstanter Geschwindigkeit soll den Anfang darstellen. Aus der Geometrie ist der Flächeninhalt eines Dreieckes bzw. eines Rechteckes bekannt als $A = \frac{1}{2} a b$ bzw. $A = a b$. Daran schließt sich die Analogie $v t = s$ an.

Die Fläche beschrieben durch die Funktion $f(x) = \frac{1}{2} x$ stellt ein rechtwinkliges Dreieck, dessen Katheten die Länge $f(x)$ und $x$ haben, dar. Also gilt: $A_0(x) = \frac{1}{2} x \cdot \frac{1}{2} x = \frac{1}{4} x^2$. Vergleicht man Flächeninhalt mit der entsprechende Ausgangsfunktion fällt folgendes auf: $A_0'(x) = f(x)$, d.h. die Ableitung des Flächeninhaltes ist gleich der Randfunktion.

Aus der Bearbeitung heraus resultieren bestimmte Probleme, die weiteres Wissen erfordern. Wie zum Beispiel die zulässige Höchstgeschwindigkeit für LKW, wodurch ein Praxis- und Anwendungsbezug hergestellt wird, und die Frage nach der Authenzität, denn es fehlt die Abtragung der Strecke auf der Scheibe. Folgende Fragestellungen sind am Prozess der Problemlösung beteiligt:

Wie lässt sich die zurückgelegte Strecke möglichst genau berechnen?

Wie groß ist die Differenz der auf dem Tacho angezeigten Geschwindigkeit und der laut Tacho angezeigten Geschwindigkeit und damit die jeweiligen angezeigten zurückgelegten Strecken?

Hat Frau Grat die Geschwindigkeit übertreten?

Wie ist der Geschwindigkeitsverlauf in der nicht auf der Tachoscheibe festgehaltenen, gemessenen Zeit?

Wie schnell ist Frau Grat für sie am besten Fall gefahren? (vgl. /2/ S. 80)

Letztlich gelangen die Lernenden zu der Erkenntnis, dass die zurückgelegte Strecke per sinnvolle Zeiteinteilung mit zugehörigem Geschwindigkeitsdurchschnitt bestimmt werden kann. Dies stellt einen Gegensatz zum ersten Problem dar, in dem eine äquidistante Zerlegung des Zeitintervalls vorgenommen wurde. Dadurch ermöglicht es auch einen Vergleich. Dabei ist aber Vorsicht geboten, denn es kann aufgrund des ungenauen Materials zu starken Schwankungen der Ergebnisse führen. Der Vergleich einzelner approximativer Modelle kann leider dazu führen, dass die Schülerinnen und Schüler gewisse Modelle verwerfen.

Um einen ungefähren Richtwert vorzugeben wird folgende Lösung vorgestellt. So folgt, dass bis 8:00 Uhr rund 188,5 km gefahren wurden. Analog wurden nach 9 Uhr bis zum Anhalten 95,8 km gefahren. Betrachtet man die Strecke zwischen 8:00 und 9:00 Uhr wird folgendes klar. Maximal kann eine Geschwindigkeit von 125 km/h aufgezeichnet werden. Damit können ungefähr 104,2 km zurückgelegt werden. Stimmt die Aussage von Frau Grat so hat sie nur wenige km zurückgelegt durch abbremsen bis zum endgültigem Halt und beschleunigen auf die Geschwindigkeit, die ab 9:00 Uhr wieder aufgezeichnet wurde.

Es folgt, dass der A- Aspekt deutlich hervorkommt. Auch die Kumulation mit der Zielrichtung den Gesamteffekt zu erreichen wird deutlich. Es können also schlussfolgernd hier die Begrifflichkeiten Riemann, Cauchy oder/und Regelintegral behandelt bzw. entwickelt werden. Der A- Aspekt tritt aber mit zunehmender Anzahl von Stützstellen zu Gunsten des Kumulationsaspektes in den Hintergrund. Es wird also eine Überbetonung des F – Aspektes Vorgebeugt.

Die Problematik der Produktsummen die die Fläche beschreiben bereitet im Wesentlichen auf die Problematik Geschlechterwachstum vor.

## d. Problematik 4 - Geschlechterwachstum

Aufgabe:

Die abgebildeten Kurven stellen die Wachstumsraten einer Gruppe von Mädchen/Frauen und einer Gruppe von Jungen/Männern bis zum 18. Lebensjahr dar. Die Kurven approximieren Daten, die aus einer Längsschnittstudie bei einer für Mitteleuropa repräsentativen Gruppe von Menschen gewonnen wurden.

Die den Kurven zugrunde liegenden Daten sind Mittelwerte aus den gemessenen Wachstumsgrößen der jeweiligen Gruppe. Aus Gründen der besseren Lesbarkeit sind diese Datenpunkte in der Abbildung nicht dargestellt.

Welche Informationen lassen sich den Daten entnehmen? In welchen Bereichen sind die Jungen größer bzw. kleiner als die Mädchen?

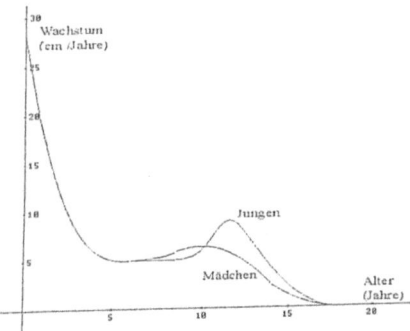

Zugrunde liegen folgende Funktionsterme, die nicht zu Beginn zur Verfügung stehen sondern nur wenn nach ihnen verlangt wird. Dabei ist das Verlangen seitens der Lernenden sehr wahrscheinlich da sonst auch die Schnittpunkte geschätzt werden müssen.

$$K_J(x) := \begin{cases} -0,0973 \cdot x^3 + 1,8312 \cdot x^2 - 11,407 \cdot x + 28,4909 & 0 < x \le 6 \\ 4 \cdot e^{\frac{-(x-11,6)^2}{2}} + 5 & 6 < x \le 13 \\ 0,275762 \cdot x^2 - 9,84747 \cdot x + 87,9133 & 13 < x \le 18 \end{cases}$$

$$K_M(x) := \begin{cases} -0,0973 \cdot x^3 + 1,8312 \cdot x^2 - 11,407 \cdot x + 28,4909 & 0 < x \le 6 \\ 0,00017733 \cdot e^x + 4,928 & 6 < x \le 8,5 \\ -0,242877 \cdot x^2 + 4,84906 \cdot x - 17,7548 & 8,5 < x \le 14 \\ \frac{23}{160} \cdot (x-18)^2 & 14 < x \le 18 \end{cases}$$

Quelle: /2/ S. 69

Diese Problematik stellt die schwierigste und komplexeste dar und beruht auf einer Umfrage von Herrn Wacker in den siebziger Jahren. Diese Studie dient nicht der Prognose sondern dient der einfachen Modellierung. Die bessere Behandlungsmöglichkeit dieser Problematik soll die Erfassung des sachlichen Inhaltes erleichtern. Man kann sie sowohl mit Funktionstermen als auch ohne Funktionsterme bearbeiten. Dennoch bietet sich die Verwendung der Funktionsterme im Anschluss an die Bearbeitung der vorhergehenden Aufgaben an. Sie kehrt das Problem Größe- Wachstum um. Die Wachstumswerte werden normalerweise aufgrund von Größen ermittelt. Daher kann diese Aufgabe als konstruiert wirken. Dies soll sich allerdings wegen dem Inhaltreichtum und der Komplexität relativieren (vgl. /2/ S. 83). Es soll zunächst der Begriff der Längsschnittstudie geklärt werden. Eine Längsschnittstudie beschreibt eine Datenerhebung zu mehreren Zeitpunkten in derselben Gruppe. Die Ergebnisse der einzelnen Untersuchungen werden anschließend miteinander verglichen.

Eine Vielzahl von Hindernissen, die es zu bewältigen gilt, sehen sich die Lernenden jetzt gegenüber. Die selbstständige Bewältigung dieser Hindernisse führen zu Erkenntnissen zum Integralbegriff, der darauf eine Festigung erfährt.

Die Aufforderung die Größen zu vergleichen führt allerdings zu weiteren Fragen auf:

Was hat Wachstum mit Größe zu tun?

Gibt es Wachstumssprünge?

Wie wirken sich solche Wachstumssprünge auf die Entwicklung der Größe aus?

Wie groß sind Jungen und Mädchen bei der Geburt? (vgl. /2/ S. 84)

Wurden die Problematiken 1, 2 und 3 zuvor behandelt ist eine analoge Herangehensweise (Approximation) nahe liegend. Das gestaltet sich dann ähnlich wie die Problematiken 1 und 2. Diese Aufgabe zeigt aber deutliche Mängel der Verfahren auf, denn bspw. ohne Funktionsterme stellt es sich allerdings schwierig heraus, die Schnittpunkte der Graphen zu bestimmen. So verlangen die Schülerinnen und Schüler vielleicht sogar nach Funktionstermen. Sowohl ohne als auch mit dem Verständnis zum F- Aspekt des Integralbegriffes lässt sich die Produktsumme bilden (zugrunde liegender Integralbegriff ist dabei aber irrelevant, da stetige Funktionen in den Intervallen und damit gleiches Ergebnis).

Wurden die Problematiken 1 und 2 zuvor nicht behandelt so verlangen die Schülerinnen und Schüler schnell aufgrund der Erfahrungen in der Differentialrechnung nach Funktionstermen. Die zu unterrichtenden stellen dann schnell fest, dass die Hilfsmittel der Differentialrechnung zu keinem sinnvollen Ergebnis führen. Sie lösen zum Beispiel die Extrema und stellen dann den Vergleich an und erkennen, dass sie die Lösung so nicht erhalten können. So stellt sich vielleicht sogar eine Motivation dar, neue Wege auszuprobieren. Aus der Differentialrechnung ist bekannt, dass Wachstum die Änderungsrate der Körpergröße ist und mit der Ableitung diese zu bestimmen ist. Von simplen Funktionen versuchen dann die Schülerinnen und Schüler Stammfunktionen zu bilden.
Sie benutzen dabei natürlich den Begriff der Stammfunktion nicht. Umgangssprachlich bezeichnen sie es vielleicht als „aufleiten". Einige nutzen dabei den CAS und die bereits implementierte Funktion INTEGRAL. Die Vermutung liegt nahe, dass das Integrieren die Umkehrung des Differenzierens ist.
Ein weiteres Hindernis ist die Uneindeutigkeit der Stammfunktionen, dessen Bedeutung erarbeite werden kann. Die Verknüpfungsstellen der erlangten Stammfunktionen sind höchstwahrscheinlich nicht stetig, da die Schülerinnen und Schüler nicht einfach eine Konstante einfügen werden (mit CAS oder ohne CAS).

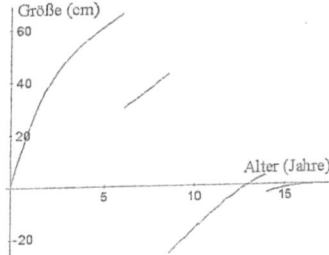

Quelle: /2/ S. 85
Betrachtet man allerdings den inhaltlichen Zusammenhang, so wird schnell deutlich, dass die Neugeborenen nach diesen Graphiken dann 0 cm groß sein müssten und die Entwicklung wäre spontanen Schrumpfprozessen unterworfen. So stellt sich die Frage nach Körperhöhe von Neugeborenen. Die Schülerinnen und Schüler „weisen in dieser Phase normalerweise großes Durchhaltevermögen und eine hohe Frustrationsgrenze" (Literatur Seite 86). Sie arbeiten dann mit unterschiedlichen Strategien an der Lösung. Es folgt dann eine stetige Körpergrößenfunktion über den gesamten Zeitraum, nach der Annahme, dass Neugeborene durchschnittlich 50 cm groß sind und das als Konstante eingefügt wird. Dabei ist das Geschlecht dann irrelevant.
Aber allein der S- Aspekt führt zu keiner Lösung, da die Stammfunktion der zweiten „Jungenfunktion" keine explizite Darstellung hat und für den Anfang einen enorm hohen

Schwierigkeitsgrad besitzt. Hierbei sollten dann die approximativen Verfahren herangezogen werden. Hierbei wird aber der F- Aspekt also wieder benötigt. Der Kumulationsaspekt wird zwar angerissen, sollte aber weitere Vertiefung erfahren, sofern die Lehrperson nicht so stark eingreift und die Approximation weitgehend von den Lernenden realisieren lässt. Ist die Lösung erreicht, wird anhand dessen ein enormer Erkenntniszuwachs deutlich. Durch Selbstfindung des S- Aspektes und der Uneindeutigkeit der Stammfunktionen kann letztlich der HDI verfügbar gemacht werden.

### e. Andere Anwendungsproblematiken

Nun sollen ein paar wenige weitere Anwendungsbeispiele angeführt werden:

- Aus der Ausbreitungsgeschwindigkeit einer Epidemie wird auf die Anzahl der Infizierten geschlossen (Ausbreitungsgeschwindigkeit = momentane Änderungsrate der Zahl der Infizierten).
- Die Stärke des Stroms der einem Akku entnommen oder zugeführt wird, lässt Rückschlüsse auf seinen Ladezustand zu (Stromstärke = momentane Änderungsrate der Ladungsmenge).
- Die Beschleunigung etlicher Gefährte (Rakete, Zug etc.) lassen Schlussfolgerungen auf die Geschwindigkeit zu (Beschleunigung = momentane Änderungsrate der Geschwindigkeit).
- Für die Mechanische Energie bzw. im Allgemeinen die Energie gilt Arbeit ist Kraft multipliziert mit dem Weg (Kraft = momentane Änderungsrate der Arbeit)
- Ein weiterführendes Problem ist das des Rotationsvolumens, das kurz angerissen werden soll.

  Man kann einfache Rotationskörper wie einen Zylinder als Grundlage nehmen. Die Schülerinnen und Schüler kennen die Formel für das Volumen eines Zylinders: $V = \pi\, r^2\, h$.

  Legt man den Zylinder in ein Koordinatensystem und beschreibt die eine Kante mit einer konstanten Funktion, so folgt, dass die Höhe des Zylinders dem Term (b-a) entspricht und der Radius der Grundfläche dem Funktionswert. Es gilt $V = \pi\, (f(x))^2 (b-a)$. Diese als Grundlage nehmend kann auf folgenden Körper approximativ angewendet werden.

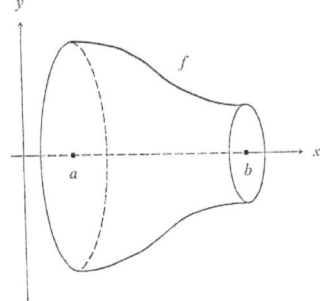

Quelle: /2/ S. 121

Es wird deutlich, dass je kleiner die Teilintervalle desto kleiner die Different vom korrekten Ergebnis. Die Volumenformel kann dann im Anschluss analytisch präzisiert werden. Wichtig ist, dass die Schülerinnen und Schüler selbst diesen Sachverhalt finden können.

22

# 7. Darstellungsmöglichkeiten des Integralbegriffes durch neue Medien

Es ist möglich die Funktionen bzw. Integrale nicht nur an der Tafel, auf dem Blatt oder einer Folie zu veranschaulichen, sondern auch die neuen Medien bieten ein reichhaltiges Repertoire an Darstellungsmöglichkeiten an. Applikationen wie Maple sind dabei einfach zugängliche und einfach handelbare Programme für diesen Zweck. Mit Maple wird an das vorhandene Wissen in einfachen Programmiersprachen angeknüpft. Den Schülerinnen und Schülern sind einfache Programmstrukturen bekannt. Als Hilfestellung kann die Lehrperson auf die Hilfe verweisen oder jeweilige Befehle vorgeben. In Maple stellt sich das wie folgt dar:

```
With(plots):
f(x) = x^2;
g(x) = int(f(x),x);
plot([f(x),g(x)], x=-5..5,-10..10);
```

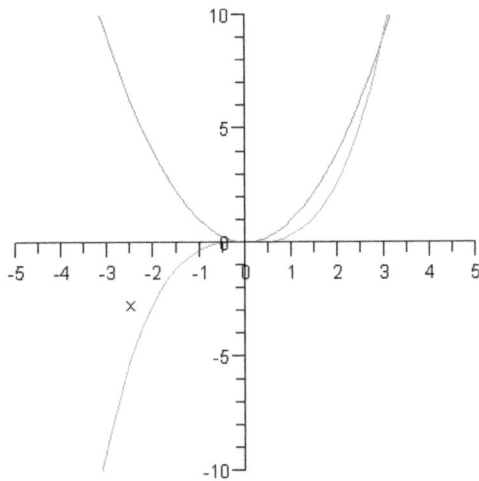

Auch die auf Java basierte Software Geogebra kann gut angewendet werden. Hier bietet sich der Vorteil entweder mit einer Interaktiven Tafel oder am Rechner direkt darin zu arbeiten. Vielleicht kennen die Schülerinnen und Schüler das Programm schon und können mit einfachen Anweisungen analoge Darstellungen finden.

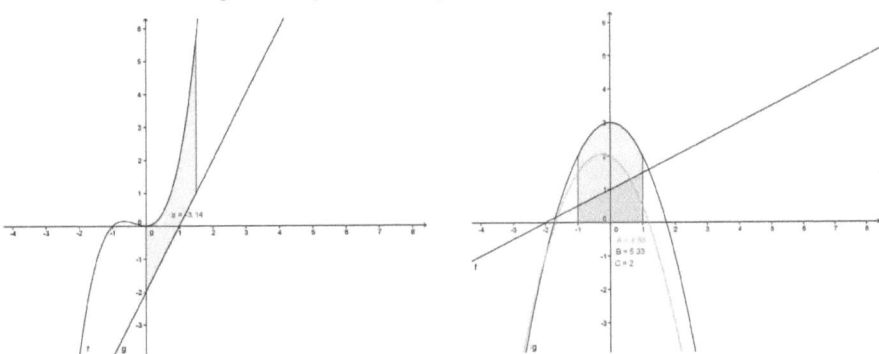

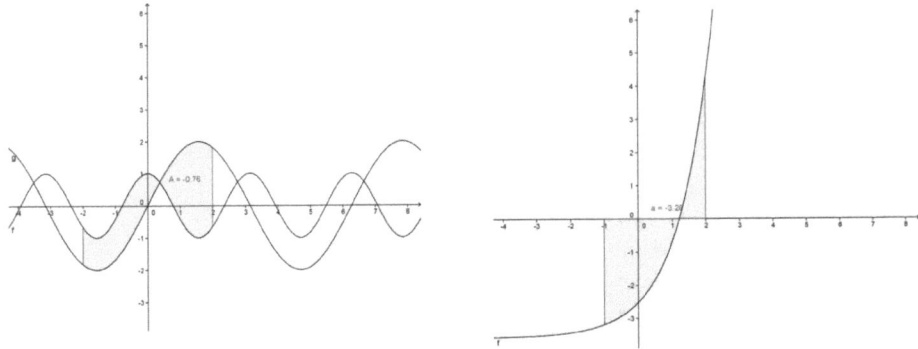

Excel ist für die Datenaufnahme und Auswertung nicht schlecht. Die Schülerinnen und Schüler haben mit großer Wahrscheinlichkeit in anderen Unterrichtsfächern wie Physik oder Chemie mit diesem Programm gearbeitet und Diagramme erstellt. Die Auswertung würde dann approximativ der der Problemstellung 2 angefertigt werden. Ist die Kenntnis der Trendlinie bzw. Möglichkeit zur Approximation durch Excel bekannt kann auch mit Funktionstermen ausgewertet werden. Excel kann letztlich *nicht* integrieren, man kann aber numerische Integration betrachten.

Schlussendlich sollte man auf die Darstellung per CAS TI VOYAGE 200 eingehen. Diesen Rechner kennen die Schüler bereits und haben in der Differentialrechnung damit gearbeitet. Die Darstellung erfolgt letztlich analog zu Maple mit einfachen Befehlen in organisierter Struktur und man kann ebenso wie in anderen angesprochenen Darstellungsmöglichkeiten den Wert eines bestimmten Integrals unter Angabe der Intervallgrenzen direkt ausgeben lassen.

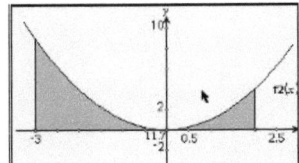

Quelle: http://wiki.zum.de/TI-Nspire/Glossar1.7, 08.06.2011, 7:17 Uhr

# Anhang

## Quellenverzeichnis

/1/ Danckwerts, R.; Vogel, D.: Analysis verständlich unterrichten. 1. Aufl. München: Elsevier Spektrum Akad. Verl., 2006. S. 93 – 130

/2/ Hußmann, Stephan: Mathematik entdecken und erforschen. Theorie und Praxis des Selbstlernens in der Sekundarstufe II. 1. Aufl. Berlin: Cornelsen, 2003. S. 67 – 88 (Seminarleiter)

/3/ Schullehrbücher

/4/ Hinz, Andreas M.: http://www.mathematik.uni-muenchen.de/~hinz/lebesgue.html (26.04.2011)

/5/ Filler, A.: http://didaktik.mathematik.hu-berlin.de/files/did-mu-s2-fol06.pdf (28.04.2011)

/6/ Guba, W. u.a.: Ziele und Aufgaben zum Mathematikunterricht in der gymnasialen Oberstufe: Klassem 10 – 12, Schwerin, 2009, S. 101 – 11 (mathe-mv)

/7/ Rahmenplan Mathematik Grundschule Mecklenburg Vorpommern. 2004. S. 26 – 31

/8/ Rahmenplan Mathematik Orientierungsstufe und Jahrgangsstufen 5 und 6 der integrierten Gesamtschule (Mecklenburg-Vorpommern): Erprobungsfassung 2010. S. 9 -16

/9/ Rahmenplan Mathematik Jahrgangsstufen 7-10 für Gymnasium und integrierte Gesamtschule (Mecklenburg-Vorpommern): Erprobungsfassung 2002. S. 22 – 32

/10/ Rahmenplan Sek II: http://www.berlin.de/imperia/md/content/sen-bildung/schulorganisation/lehrplaene/sek2_mathematik.pdf?start&ts=1245159490&file=sek2_mathematik.pdf (27.04.2011)

/11/ http://www.keepschool.de/unterrichtsmaterial/Mathematik/Analysis04.pdf (20.04.2011)

/12/ http://rfdz.ph-noe.ac.at/fileadmin/Mathematik_Uploads/ACDCA/DESTIME2006/DES_contribs/Dorfmayr/medienvielfalt/materialien/int_einfuehrung/lernpfad/content/flaecheninhaltsfunktion.htm (20.04.2011)

/13/ Knoche, Norbert: Analysisunterricht unter dem Lernziel „Mathematische Grundbildung": http://math.ku.sk/data/konferenciasub/pdf2002/Knoche.pdf (28.04.2011)

/14/ Buckel, Friedrich: http://www.mathe-aufgaben.de/mathecd/DEMO-CD/4_Analysis/48_Integration/48130%20Bogenlaenge%20DEMO.pdf (10.05.2011)

/15/ http://www.timss.mpg.de/ (28.04.2011)

**/16/** http://www-tz.uni-regensburg.de/mathe/downloads/sem_DidM_51772_2_Integralrechnung-Beweis%20des%20Hauptsatzes_Handout.pdf (04.05.2011)

**/17/** http://www-tz.uni-regensburg.de/mathe/downloads/sem_DidM_51772_2_Integralrechnung-Beweis%20des%20Hauptsatzes.pdf (04.05.2011)

**/18/** http://didaktik.mathematik.hu-berlin.de/files/skript_schumann.pdf (04.05.2011)